秃鹫的故事

马鸣 著

赵兰生 陈胜家 陈丽 郭玉民 等 摄影

作者简介

马鸣：出生于新疆，自幼喜欢鸟兽虫鱼。现在60多岁了，还在爬天山，上百丈悬崖，观察秃鹫的窝。马鸣一辈子都在从事鸟类繁殖生态研究工作，最近8年的工作重点是鹫类的野外调查，先后承担了高山兀鹫和秃鹫等国家自然科学基金资助项目。翻越昆仑山，横穿羌塘地区，其足迹遍布西部的山山水水。出版专著十余种，发表论文百余篇，其中主编的《新疆兀鹫》(2017)，为国内首部研究鹫类的专著。最先尝试利用无人机寻找鹫窝，最早开始红外相机监测秃鹫繁殖，在国内最早使用卫星跟踪器研究猛禽的迁徙。8年野外考察，积累了几十万张鹫类图片，本书浓缩了其中精华。

目录

前 言 / 5

第一篇　鹫的起源 / 7

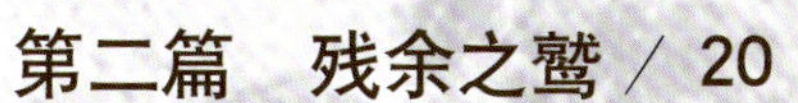

化石揭秘 / 8
进化历程 / 10
古文说鹫 / 12
鹫与天葬 / 14

第二篇　残余之鹫 / 20

鹫的分类 / 21
美洲的鹫 / 23
非洲的鹫 / 24
欧洲的鹫 / 25
亚洲的鹫 / 26
中国的鹫 / 27

第三篇　鹫的特点 / 28

食物与食性 / 30
形态与适应 / 32
分布和栖息地 / 35

第四篇　秃鹫的行为 / 38

座山雕 / 39
领域 / 40
集群与相守 / 41
盘旋 / 42
信息传递 / 43
鹫的假说 / 44

第五篇　繁衍后代 / 45
巢穴 / 46
配对 / 47
产卵 / 48
孵化 / 49
育雏 / 50
离巢 / 52
好邻居 / 53

第六篇　秃鹫的迁徙 / 54
飞去何方 / 56
卫星跟踪 / 57

第七篇　处境堪忧 / 59
食物危机 / 60
二次中毒 / 61
死亡威胁 / 63

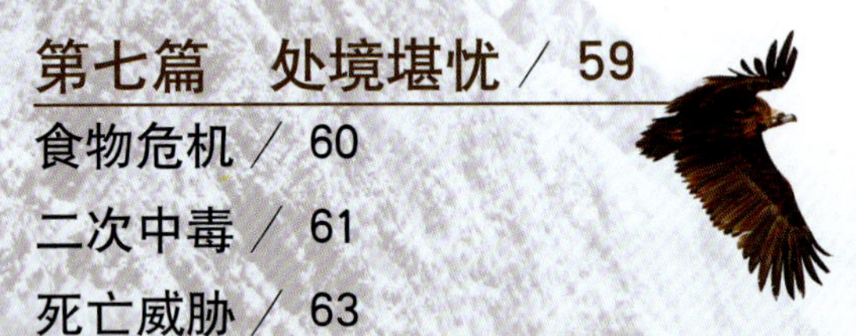

第八篇　拯救鹫类 / 65
禁药 / 67
投食 / 68
设立安全区 / 69
系统保护 / 70

后 记 / 71

前言

全球鸟类有上万种，而鹫类仅存 23 种。中国是鹫类分布最多的国家之一，约有 8 种，占世界鹫类的 34.8%。秃鹫是一个非常特殊的物种，被称作地球上的“清洁工”。

数百万年以前，鹫类曾经有过辉煌的时候，已经有大量的化石证明了这一点。鹫类一个个走向灭亡，完全与地球上的环境变化及食物资源的枯竭有关。人类社会的崛起，可能给鹫类带来灭顶之灾，加速了其种族的衰败。

中国对鹫类的研究一直是空白，就是这方面的研究者同样知之甚少。可查阅的著述如凤毛麟角，少之又少。一些科普文章甚至将兀鹫和秃鹫混淆。

近年，我们提出“拯救三鹫”之倡议，建议在中国重点保护秃鹫、高山兀鹫、胡兀鹫 3 种不同类型的鹫，以达到保护目前尚有分布的鹫类的目的。通过我们的努力，希望能有更多人加入到鹫类研究与保护的行列中来，为延长鹫类的生命出一把力。

第一篇 鹫的起源

大约在 6500 万年以前，地球上就已经出现了鹫类。那之后，鹫的家族日益壮大，种类很多，数量亦大，分布极广。作为大型食腐动物，一开始鹫类就承担着“地球清洁工”的重任。可以想象，恐龙时代，温暖的气候，繁盛的动植物群落，出现了许多食植物的巨型动物。如果没有鹫类及时清理死亡的动物尸体，就会散发出恶臭，地球上的生命将无法继续存活。

鹫类繁盛，恰逢其时。

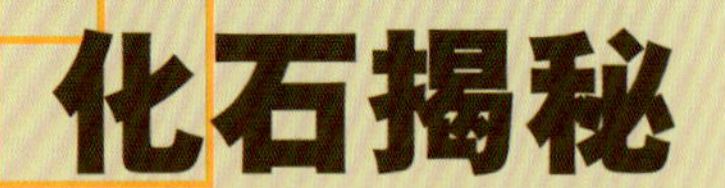

化石揭秘

最早的食腐鸟类，可以追溯到古新世。它们大部分像恐龙一样，体型硕大，不会飞行，如戈氏鸟、中原鸟等。这些早期的食腐鸟，身高 1.7 ~ 2.7 米，攻击性虽强，也只能是拾荒者。但它们的开拓性较强，健步如飞，通过大陆桥扩散至各个大陆，逐渐演化出体型较小、会飞翔的、形形色色的鹫类。

在中国，鹫类的化石出土比较丰富，在内蒙古、辽宁、北京、山东、江苏、甘肃等地均有发现。其中江苏的“中新鹫”化石，源自中新世的地层约 1000 万年前。

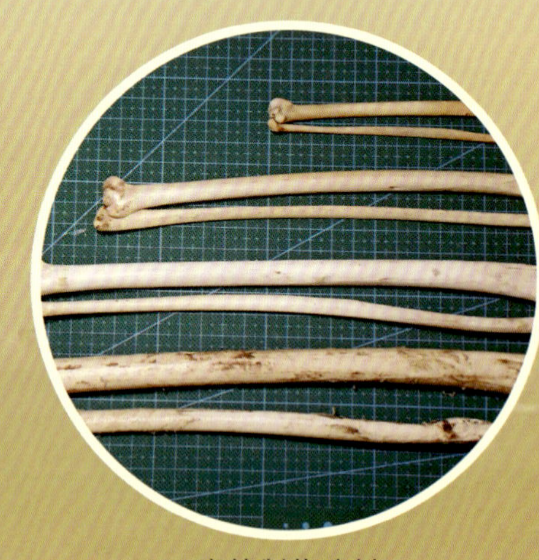

鹰笛制作选材

秃鹫化石

鹫类曾经生活在树上，后来变成了地栖的种类。化石中的鹫类，与现代鹫类形态极为相似，个头要大一些。除了骨骼化石，人们还找到一些羽毛和蛋的化石。

鹫类辉煌的时期分布很广，低海拔的海湾地区也有分布。后来地球气候变化，冰期频繁出现，大型食腐鸟类受到重创。鹫类的种群逐渐衰退，幸存者寥寥无几。

进化历程

甘肃临夏出土的一组秃鹫化石极其完整，头体相连，四肢齐全。其特点是体型巨大，嘴巴长而粗壮，超过头长之半，撕扯的力量较大。鼻孔较狭小，呈椭圆形。其上肢（翼骨）极为发达，飞行能力强。而下肢孱弱，已经没有攻击力了。

化石的分布地点海拔都不算高，如辽宁、江苏、山东等沿海地区。

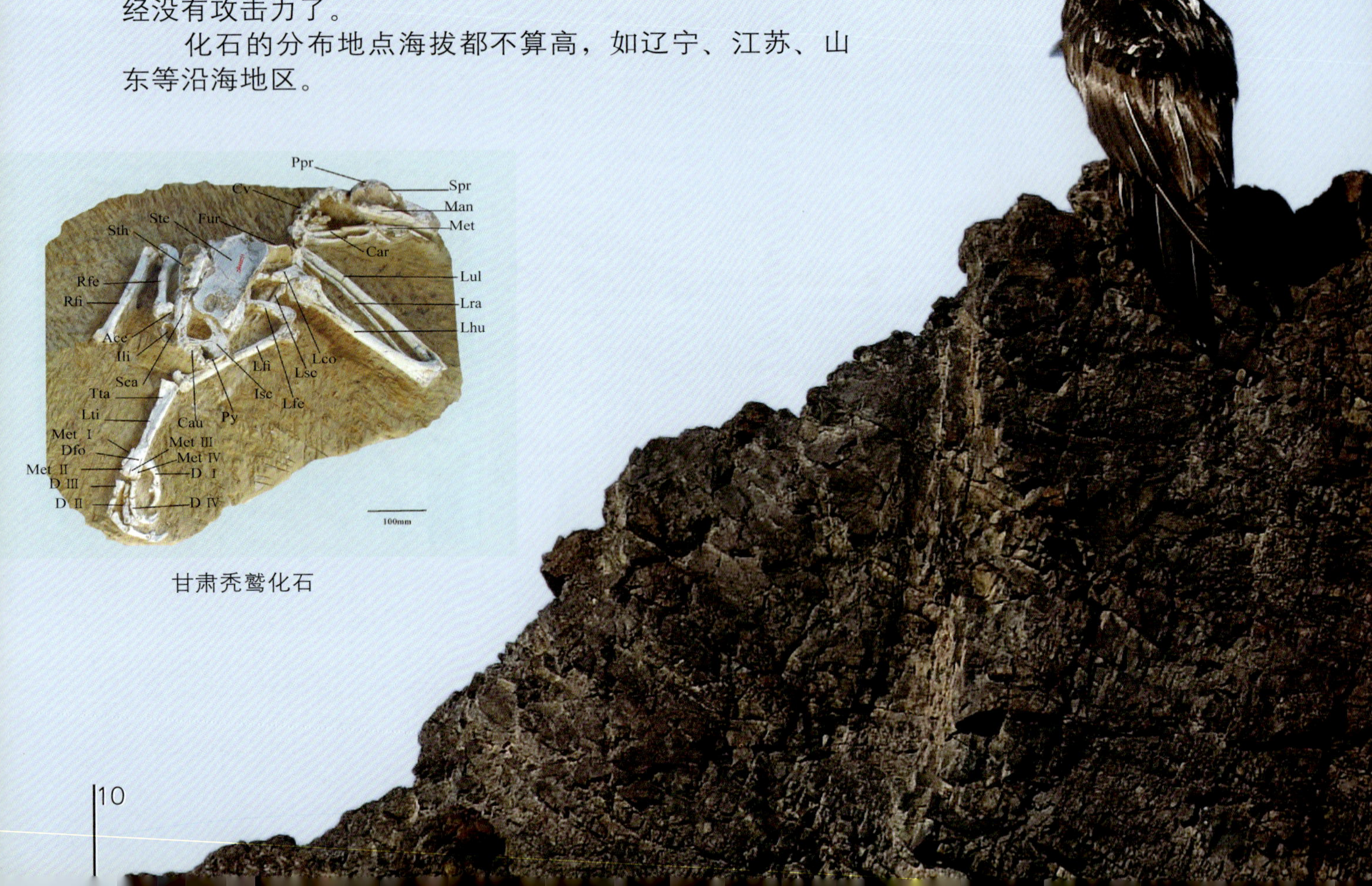

甘肃秃鹫化石

那时候气候温暖，降水充沛，热带植物向北扩张，恐龙分布至北疆这样的中纬度地带。令人纠结的是，相比化石的数量，为什么现生的鹫类种类非常少，全球只有 23 种。沧海桑田，它们经历了怎样的演化过程？

现在中国的鹫类主要生活在青藏高原，能够在沿海地区出现的鹫类就只有秃鹫一种。过去的鹫类与现代的鹫类生活环境和条件是不一样的，那时候地势平坦，它们可能在土丘或参天大树上筑巢，根本不需要悬崖，那时的食物资源也非常丰富。

古文说鹫

在被誉为动物百科全书的《山海经》里已有食人鹫的影子。在古文里，“就”和“鹫”是同样的意思。鹫往往栖居在绝壁上或高大树冠顶端，也就是“就高不就低”。早期的《禽经》和《本草纲目》等都有鹫的记载。

国外对鹫的记述不少。在《荷马史诗》中记录了这样一个鹫的故事：大约在公元前 7 世纪，亚述国（现伊拉克）军队出征时，会请巫师以鹫占卜军情。而只要大军出征，就会有鹫群紧随。这些鹫都来自何方，怎么就知道大战在即？它们如何传递信息？迄今都是谜。

秃鹫与无头尸（古代天葬图）

鹫与天葬

天葬是蒙古族、藏族、门巴族等少数民族的一种传统丧葬方式，就是将尸体喂给鹫吃。这被认为是一种自然葬或鸟兽葬的形式，也称鹫葬、兽葬、野葬或弃葬等。与土葬、水葬、火葬、树葬、塔葬相比，天葬是最高级和最环保的葬法。人们相信肉体被秃鹫或其他野兽吃完，他的灵魂也随之升天了。

人类的历史通过各种丧葬的形式保存了下来，早期的文明史就是一部丧葬史。有人认为中国的天葬是受古代中亚的琐罗亚斯德教（拜火教）影响而产生的。最早的天葬记录见于9000多年前在土耳其安纳托利亚高原出土的一组壁画，几只张开翅膀的秃鹫贪婪地啄食无头的尸体。考古学家认为，这些绘画反映的是原始部落“鹫葬”的习俗。显然，天葬是史前的人类处理死亡的一种最朴素、最简单、最广泛的方式。

中国古代圣人是提倡天葬的，庄子有“吾以天地为棺椁”的想法，其弟子很担心，被乌鸦和黑鸢吃了怎么办？而庄子则认为，没有什么区别。比庄子境界更高的是列子，他说：“既死，岂在我哉？焚之亦可，沉之亦可，瘗之亦可，露之亦可，衣薪而弃诸沟壑亦可。”意思是说随便火葬、水葬、土葬、天葬、野葬，都无所谓。

鹫类以腐尸为食，被认为是具有强大免疫系统的神鹰。细菌在分解尸体的过程中会释放出毒素，能引起一般肉食动物或杂食动物中毒。然而，鹫类从来没有因为食腐而中毒或发病。

毫不夸张地说，秃鹫有着一个刀枪不入的“铁胃”。秃鹫通过清除腐烂尸体，从而防止疾病传播，在生态系统中扮演着重要角色。

秃鹫的寿命，一般要比其他鸟类长很多。它们摄食腐肉的习性，使得它们要接触各种各样的病原体，包括细菌、病毒、立克次氏体、真菌、寄生虫或其他有害生物，却能健健康康地长命百岁。它们不仅拥有强大的免疫系统，并演化出了与那些有害生物和谐共生的机制。

第二篇 残余之鹫

地球上的动物有几百万种，甚至上千万种（主要是昆虫）。其中鸟类约有 1 万种，而鹫类只有 23 种（不包括蛇鹫）。

鹫的分类

现存鹫类从地理起源上被分为两个大类，一是新大陆的鹫，也称美洲鹫，仅有 7 种，分布在南美洲和北美洲。二是旧大陆的鹫，包括兀鹫、秃鹫、胡兀鹫等 16 种，分布在欧洲、亚洲和非洲。

按照栖息环境，鹫可分成4类。美洲鹫大多生活在树林里，被称为“森林鹫”。森林鹫要在密林覆盖的大地上寻找动物尸体非常困难，因此美洲鹫的嗅觉非常灵敏。而生活在旧大陆稀树草原的鹫类，则通过视力寻找食物，被称为“草原鹫”。撒哈拉沙漠的鹫类，必须有耐心，一直追随驼队等待机会，是大名鼎鼎的“沙漠鹫”。亚洲的鹫类大多数生活在青藏高原和中亚高山上，属于“高原鹫”。

现存世界鹫类（23种）分布名录

分类	种类	种数
美洲的鹫	红头美洲鹫，小黄头美洲鹫，大黄头美洲鹫，黑美洲兀鹫，王鹫，加州神鹫，安第斯神鹫	7
非洲的鹫	棕榈鹫，冠兀鹫，白背兀鹫，黑白兀鹫，欧亚兀鹫，南非兀鹫，胡兀鹫，白兀鹫，秃鹫，皱脸兀鹫，白头秃鹫	11
欧洲的鹫	欧亚兀鹫，胡兀鹫，白兀鹫，秃鹫	4
亚洲的鹫	白腰兀鹫，长喙兀鹫，细嘴兀鹫，高山兀鹫，欧亚兀鹫，秃鹫，黑兀鹫，胡兀鹫，白兀鹫	9
中国的鹫	白腰兀鹫，长喙兀鹫，高山兀鹫，欧亚兀鹫，秃鹫，黑兀鹫，胡兀鹫，白兀鹫	8

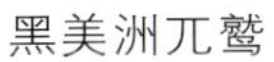

美洲的鹫

加州神鹫

美洲鹫相貌丑陋，鼻孔扁圆形、横置、穿透，秃头。羽毛多为黑色，裸露部分或有肉瘤。因为两鼻孔是相通的，嗅觉特别灵敏。美洲鹫仅有 7 种,亦被称为新大陆鹫或新域鹫，其科名来自于古希腊文 Cathartes（卡萨提斯），有“洁净器”或“净化者”之意。

美洲鹫主要分布于南美洲，在北美洲特别是美国几乎绝迹。

美洲丑陋的王鹫

黑美洲兀鹫

红头美洲鹫

非洲的鹫

非洲大陆从南到北都有鹫类分布，种类达 11 种（不包括蛇鹫），是鹫类种类和数量最多的一个大陆（洲）。几年前曾经有过 500 只兀鹫围吃一具大象尸体的壮观场面，这在其他地方很难见到。非洲内陆保留了某些物种生活的原始状态，是鹫类多样性最为丰富的地方。其中有几种鹫类在大陆之间穿梭，它们在欧洲繁殖，迁徙到非洲越冬，如白兀鹫、胡兀鹫和秃鹫等。秃鹫在非洲被列入稀有物种，几近绝迹。

南非兀鹫

非洲黑白兀鹫

非洲大皱脸秃鹫

白背兀鹫

秃鹫

乌鸦与白兀鹫

欧洲的鹫

欧洲关于鹫的历史和文化故事比较多，但鹫的种类却最少，只有 4 种。欧亚大陆虽然面积辽阔，北方大部分地区却没有鹫类分布。可见到的鹫主要分布在欧洲的中部和南部，而且种类与非洲和亚洲完全重复，没有自己的特色。如欧亚兀鹫、秃鹫、胡兀鹫和白兀鹫。胡兀鹫和白兀鹫的头部有羽毛，是鹫类中少有的几个不秃头者。目前鹫已在许多欧洲国家绝迹。

欧亚秃鹫

胡兀鹫

秃鹫

胡兀鹫

亚洲的鹫

在亚洲，青藏高原是鹫类分布的中心，9 个种都分布在这个区域。西藏素有“秃鹫王国”之称，除保留了天葬传统文化，还是现存鹫类的一个发源地。中国和印度是世界上鹫种类最多的两个国家，也是鹫文化最为丰富的国度。

高山兀鹫

中国的鹫

中国是世界上分布鹫类最多的国家，已记录到8种。它们主要生活在西部几个省份。西藏至少有7种，云南和新疆各有5种，青海、甘肃、四川各有3种。在野外可遇见高山兀鹫、秃鹫、胡兀鹫等，其他几种主要分布在边境地区，十分罕见。

第三篇 鹫的特点

长期以来人们对鹫类的生活史充满误会、蔑视、恐惧和无知。或认为秃鹫是血腥的、肮脏的、丑陋的、贪婪的、危险的、懒惰的，总是伴随着战争、屠杀、恶斗、死亡和腐烂，是疾病或毒菌的传播者。横尸荒野，秃鹫环绕，臭气熏天，血腥残暴。在卡通读物或动画片里，秃鹫不是充当坏蛋就是巫师，扮演超级反派人物，如座山雕，几乎都是邪恶势力的化身。

然而，古往今来，中国人在效法自然方面，特别是在“食腐”方面，就是借鉴了秃鹫的食物，如豆腐乳、红豆腐、臭豆腐、臭鸡蛋、变蛋、酸奶、腊火腿、带菌丝的纳豆等中国美食。人们特别推崇的发酵食物，这些都是运用了发酵的原理而得到的。秃鹫因为有食腐的特性，使它成为鸟类中的老寿星，这也是对人类的一点启示啊。

不同的鹫在一起争食

食物与食性

在旧大陆分布的 16 种鹫类，尽管都是食腐者，但也存在许多不同，或者说“生态位”差异。就是在同一具动物尸体上，不同的鹫种类取食部位不同。通常秃鹫负责开肠破肚，兀鹫则伸长脖子掏空内脏。

还有一些鹫属于另类，如棕榈鹫喜欢以油性大的油棕果为食，属于植食性；胡兀鹫则以硬骨头为食；而白兀鹫可以用不同的方法打开鸟卵或乌龟壳。

吃食

扎堆

秃鹫是以食腐为主，被誉为“草原上的清洁工”，食物几乎涵盖所有动物种类，包括猛兽。最近一段时间，秃鹫的食物出现了问题。一方面野生动物数量急剧减少，另一方面人类大量使用兽药，家畜的自然死亡率降低，野外很难寻觅到动物尸体。更糟糕的是大部分动物尸体被人们焚烧或掩埋了，有的还被回收加工成了饲料。结果让秃鹫走投无路，不得不改变以往的套路。它们开始袭击小型活着的动物，如幼羊、旱獭、爬行动物及一些病残弱小的个体。

鹅喉羚　野兔　棕熊

狼　盘羊

形态与适应

秃鹫长相独特，全身羽毛为黑色或黑褐色，头和颈裸出。全长 108 ～ 120 厘米，体重 11 ～ 14 千克。翅膀宽大，展开后能达到 2.8 ～ 3.1 米。尾巴较短小，尾长 32 ～ 45 厘米。头和颈裸露部分灰黑色，领翎张开，煞是威风，被称为“座山雕”、飞禽中的巨无霸。嘴巴粗壮，脚青灰色。雌鸟的体重（8 ～ 14 千克）大于雄鸟（7 ～ 11 千克）。年轻个体的毛色更黑一些。

有时候秃鹫的头并不秃

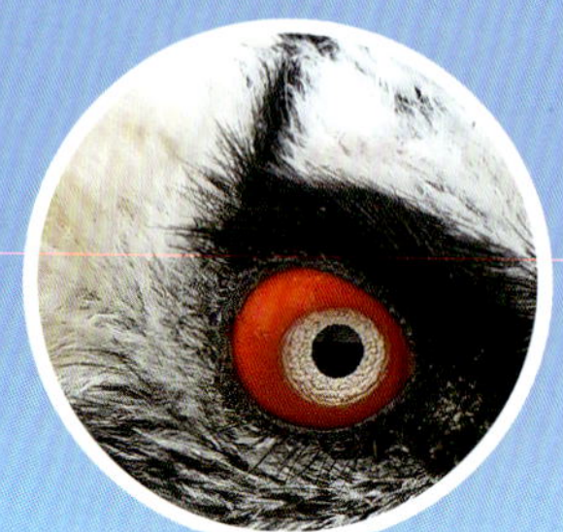

胡兀鹫的眼

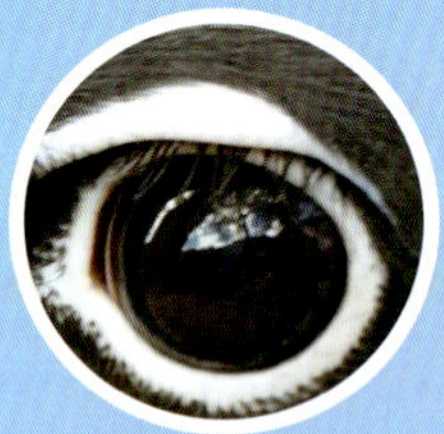

秃鹫的瞳孔

鹫类的头部几乎无羽毛覆盖，那就是秃，称为秃鹫很形象。为什么鹫类具有这种特征呢？早期人们认为，它们是为了适应于食腐过程中保持头部干净。近来，科学家发现，裸露的头部在鹫类体温调节过程中发挥着重要作用：当外界温度较高时，鹫类会伸展翅膀和脖子；当温度较低时，它们会弓起身体，将头部缩起来。

鹫类有一系列与食腐相关的适应性进化特征——裸露的头部和脖子可以降低在“探囊取物”过程中被血液污染的程度，伸缩自如；强有力的嘴如同利斧，能撕开动物的毛皮；高浓度的胃酸不仅可以消化动物的腐肉和骨骼，还能杀死有害的细菌；巨大的翅展能帮助它们借助气流飞翔，在更大范围内搜索食物。

秃鹫常栖于开放的山脉、峡谷、草原等生境，有时也出现于海拔较低的荒漠草原。夏季主要在海拔 2000 ～ 4500 米活动，有时能到达 6970 米的高山区觅食。越冬期也会迁移至低海拔地区，甚至是海边。偶尔徘徊于低凹山谷、丘陵、开阔荒原或游荡于喜马拉雅山脉南麓平原，垂直落差达到 5000 米。

秃鹫大部分时间以静栖为主，但因食物需求会独自高飞，四处寻找尸体。眼力极好，可以登高观察地面捕食者和其他空中拾荒者的活动，觅食范围更加广阔。

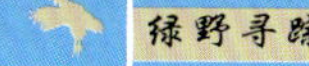

分布和栖息地

目前在南极洲、北极苔原、大洋洲都没有鹫类分布。仅存的 23 种鹫类只局限在热带、亚热带、温带或暖温带，地球南北两端比较寒冷的大部分地区都见不着鹫类的踪影。这与它们食腐的习性有关，暖和的气候可以加快尸体的腐烂、爆裂。

秃鹫只在欧亚大陆有分布，偶然飞抵非洲北部越冬。在中国，秃鹫是分布最广的一种鹫类，非繁殖期几乎各地都有记录。

其实在人类没有统治地球的时候，秃鹫广泛分布于各种环境。从高山到平原，从赤道到中高纬度地区，连低海拔地区包括海滩都有它们的身影。那时地球上森林茂密，秃鹫倾向于选择在大树上营巢。

现在，秃鹫迫不得已要在光秃秃的岩石峭壁或陡山坡上筑巢，它们就这样成为了山地动物。

第四篇 秃鹫的行为

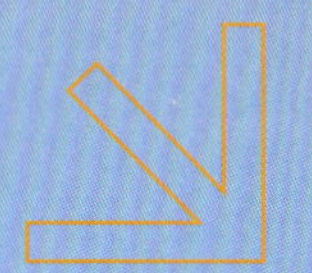

秃鹫生活的地方远离人迹，它们不吭不响，特别内向。除了食腐，其他行为神秘莫测，不为人知。过去人们认为秃鹫身居深山，是不需要迁徙的，因为山区有逆温效应，一年四季气候变化不是很明显，它们会老老实实地在一个地方生活。但是，有了卫星之后，它们的行踪就很快被我们找到了。

座山雕

秃鹫俗称“座山雕”，通体黑乎乎的羽毛，光秃秃的脑袋，脖围长翎，弯钩巨嘴，居高临下，眈眈窥视，显得非常凶猛和狰狞。实际上，座山雕这个名称就是它外表和行为的一个素描，它们静观世界，奉行法事，并不像外貌那么邪恶。

除非特别饥饿，秃鹫绝不杀生。就是面对一具奄奄一息的个体，秃鹫也表现得异常谨慎，甚至可以说非常怯懦，害怕上当受骗遭人暗算。它会仔细观察尸体，虔诚地伫立良久，察看其腹部是否有起伏，眼睛是否还转动。然后延颈伸喙，试探着张开双翼，小心翼翼地走上前，用嘴啄一下尸体，立刻跳离数米开外。如果尸体依然毫无反应，它才扑到尸体上掏心挖肺，狼吞虎咽。

争抢

兀鹫与秃鹫抢食

秃鹫打架

领域

觅食范围，就是秃鹫的领域范围。鹫类能够根据当地天气、地形、食物的多少等，调整觅食范围、活动强度和飞行模式。秃鹫有借助气流翱翔的绝招，因而它们的领域范围能达到数千平方千米，甚至上万平方千米。就是说它去几十千米以外觅食，不费吹灰之力。

非繁殖期秃鹫的雌鸟和幼鸟是移动的，它们绝大多数都会飞离巢区。而成年雄鸟则比较保守，舍不得离开家，占区行为强烈，大多会在巢区内越冬。

集群与相守

秃鹫在发现了尸体时，会从四面八方蜂拥而至，一起分享美餐。但在繁殖期它们却不挤在一起，而是各立山头，占巢为王。它们在天山的巢穴都相距较远。

鹫类都是长寿的物种，除了动作迟缓、行为愚钝，感情生活却非常保守和专一，被认为是白头偕老的典范。一夫一妻相守，为了成功繁育后代，夫妻之间还必须密切合作，才能保住子女的存活。

盘旋

鹫类是世界上飞得最高的鸟类，飞越 8844 米的珠穆朗玛峰不在话下。秃鹫宽大的翅膀，在荒野上空，悠闲地漫旋着，用它们特有的感觉，去捕捉肉眼看不见的自然力量——上升的暖气流。上升暖气流开始从地面升起时呈圆柱状，由于冷热空气的相互作用，渐渐发展为翻滚的蘑菇状，秃鹫就是在空气的推升下，借助气流翱翔到更高的天空。

信息传递

在阿尔泰山繁殖的秃鹫，要去几千里之外的朝鲜半岛觅食。它们之间怎样传递信息，始终是个谜。除了自己搜寻腐肉及跟在大型掠食动物后面吃残羹冷饭外，秃鹫有时还心照不宣地跟喜鹊、渡鸦、山鸦及其他杂食动物搞好关系，合伙取食。

渡鸦总是先去四处侦察，若发现动物尸体，便发出粗哑的叫声。然后，秃鹫上前开肠破肚，啄食内脏、皮肉、骨头。若有危险逼近，渡鸦会发出警报，秃鹫与其他同类马上离去。相互之间互通有无，各取所需，真是自然界奇特无比的场景啊。

乌鸦与秃鹫

鹫的假说

多年来，人们对鹫类的行为一直不了解，于是就产生了许多猜测、推断，都是人类的一厢情愿，用科学术语说这就是“假说”。关于鹫类的情感、嗅觉、视觉、听觉、信息传递等，就有讯号假说、降温假说、生态位假说、单配假说、美味假说、共生假说、翱翔假说、分工假说、益寿假说等。这些假说，还有待后人去查清，给出真相！

第五篇 繁衍后代

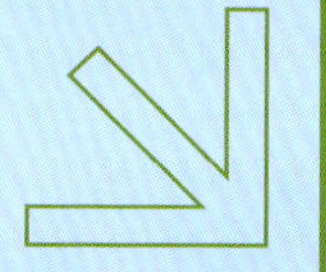

秃鹫为了繁衍后代，要经历最为漫长和艰难的过程。实际上它们在寒冬就开始做窝、交配、产卵、孵化，几乎一年有七八个月的时间都耗在养育后代上。

巢穴

鹫类中的高山兀鹫是集群营巢繁殖的。而秃鹫不集群营巢，只是雌雄秃鹫共同建立自己的“家”。专业人员在天山中部测量了 6 个秃鹫巢，都位于朝阳的悬崖上。巢间距约 3 千米，海拔高度在 2300 ～ 2900 米。巢多选择在开放的突兀台地上，巢体硕大，外径达 1.6 ～ 2.3 米。巢由树枝铺垫而成，内垫细草、树皮纤维、兽皮、羊毛及其他动物毛发。

配对

初春，是秃鹫发情的时间，它们会通过复杂的求偶仪式来配对。雄鸟张开翅膀，舞动身体，尽情地表现自己，炫耀、亲昵、低吟、修饰，大献殷勤来吸引雌鸟的注意。对上眼了，就会进行求爱飞行，出双入对，比翼双飞，并互相追逐。

接着进入交尾时间。交尾在地面或窝上进行，雄鹫跳到雌鹫身上，尾部下倾，生殖器对接，只用 10 ~ 20 秒就完成授精。

秃鹫有强烈的领域行为，面对第三者的入侵绝不手软。它们对爱情忠贞不渝，始终如一。

产卵

婚后，雌秃鹫怀上了卵宝。它的产卵期在 2 月底至 3 月上旬，每窝产一枚卵，它们可都是独生子女啊。卵壳白色或染有褐色血迹斑，卵的大小为 72 毫米 X96 毫米，重量约 210 克。

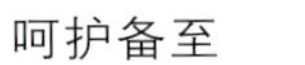

呵护备至

母鹫回窝

孵化

由双亲共同孵卵，孵化期 52 ～ 56 天，最长 62 天，这可能是猛禽中孵卵时间最长的了。整个孵化过程双亲要完成孵卵、凉卵、换孵、翻卵、理羽、修饰、转身、观望、警戒、交配、铺巢、睡觉等行为。秃鹫的繁殖成功率并不高。近年观察，天山秃鹫的繁殖成功率还不到 26%。

孵卵

凉卵

翻卵

育雏

4月，秃鹫雏鸟破壳而出。它们属于晚成鸟，刚开始几天眼睛都不睁开，毛茸茸的，重量只有160克。到5月，雏鸟变成了家鸡大小，体重升到1600克，羽芽开始萌发，逐渐变成黑色。

6～7月，小家伙生长迅速，很快接近成鸟体重，开始站立、走动、跳跃、扇翅。8月试着练习飞行，跌跌撞撞，需要一段时间磨炼。

破壳

秃鹫雏鸟

秃鹫的繁殖数据

繁殖季节	2～10月
巢穴直径	1.6～2.3米
卵的大小	72毫米×96毫米
卵的重量	210克
窝卵数	1枚
孵化期	52～56天，最长62天
育雏期	巢内100天，巢外90天

好奇的幼鹫

三号窝的“肉鸡”

巢中幼鸟出壳

一家三口

育雏期秃鹫父母轮换喂食。它们不像其他大型猛禽那样喂食雏鸟，而是亲鸟呕吐食物饲喂雏鸟。每日的喂食次数随着幼鸟长大而日趋减少，每次的喂食量却逐渐增加。

等到 9 ~ 10 月，幼鸟才敢振翅离巢。一只小秃鹫长大，由灰变黑，至少需要经过 190 天的时间。

幼鹫坐着

离巢

幼鸟长到 8 月，就要离巢远飞了。起初，它们胆子很小，依依不舍，晚间还会回到巢中父母身边来。外面的世界太无奈，弱肉强食，寻找和靠近食物非常困难。除了人类，当地威胁幼鸟的天敌还有棕熊、雪豹、野猫、猞猁、灰狼、狐狸、乌鸦、雕鸮、金雕等。为了得到食物，它还是要飞回巢中寻找母亲帮助。

在离巢的最初几个月，小秃鹫活动半径不会超过 30 千米，一直在巢区周边方圆 1800 平方千米范围内活动。幼鸟 5 ~ 6 年性成熟，秃鹫的寿命可达 40 ~ 60 年。

好邻居

在天山能看到秃鹫、高山兀鹫、胡兀鹫等猛禽同时筑巢，它们被人们称为动物界的“好邻居”。当然，由于存在领域行为，它们的巢与巢之间还是有一定距离的，巢址选择也不一样。

在西藏也有这种情况，几种鹫类经常在一起抢食。而它们之间存在“不同分工”，所能吃到的部位也不一样——秃鹫撕裂兽皮先吃到肉，高山兀鹫发挥脖子长的优势掏挖内脏，胡兀鹫吃骨头，白兀鹫捡拾碎末。

第六篇 秃鹫的迁徙

使用卫星跟踪技术，打开了秃鹫研究的另一扇窗口。这样能够看到它们精确的迁徙路线、停留地点、时间节律、巢穴位置、领域范围、越冬区域及失踪地等信息。

那么，秃鹫为什么要迁徙，气候影响究竟有多大，是否存在一定的规律性（如追随有蹄类迁徙、繁殖季迁徙等）。平时懒懒散散的秃鹫，是否因为食物缺乏而开始迁徙呢？就像古代的鹫类追随士兵远征，是为了在战场上获得死尸。

飞去何方

过去，人们一直以为秃鹫属于留鸟，从不挪窝的。

后来发现，在中亚的北部，秃鹫繁殖种群会向东迁徙到遥远的山东半岛、朝鲜半岛（包括韩国）越冬。

这种数千千米（1600 千米）以上的横向迁徙，完全打乱了过去对候鸟迁徙“南来北往”的认知。

近年，在韩国秃鹫冬季种群增加到 1400 只，这是个令人惊讶的数字。是不是秃鹫知道韩国人改变了焚烧和填埋习惯，专门设置了动物“餐厅”来吸引野生动物光临的呢？它们是怎样感知到的呢？

卫星跟踪

用卫星跟踪秃鹫，发现在阿尔泰山区繁殖的秃鹫种群除了去韩国，还会向中国的内陆省份迁徙。要途经内蒙古、黑龙江、辽宁、山东、河南、陕西、甘肃等地，这几乎就是一个发散型的迁移，东南西北，茫然无目的地，四处漂泊，形成一个奇怪的扇面。考察后发现，这些地方有大量的养殖场，会有一些死鸡、病猪被遗弃在村落附近，这可是秃鹫的美食啊。

携带跟踪器的秃鹫

可太阳能充电的跟踪器

环志

翅标

安装跟踪器

第七篇 处境堪忧

鹫类都是行侠仗义、豪气冲天的“绿林好汉”——只管大块吃肉、大口饮血、无所畏惧。它们不辞辛苦，到处奔波，干着又脏又累的活儿，还给天地人间一片清洁。

这是对人类有益无害的物种，是生物多样性中至关重要的一个类群，也是面临问题比较多的一个类群。

食物危机

鹫类正面临食物链断开的危机。在青藏高原，过去牲畜意外死亡都会被遗弃在荒野，任鹫类取食。后来，有人开始收购死亡动物，扒皮加工制作皮衣；将这种死尸肉制作成食品或饲料出售。如将牦牛尸体送进了小作坊，制作成各种风味的牛肉干。既坑害了人类，也断了鹫类的食物来源。

在一些地方，野外的动物尸骨不是被掩埋、焚烧，就是被转移、收购和加工。人类无所不能——不需要大自然的“天然清洁工”来打扫地球卫生了。

二次中毒

每年在辽宁被救助的秃鹫中，不少是因为二次中毒。在北方繁殖地，人烟稀少，环境相对安全。只是在迁徙途中，环境污染逐渐加剧，食物中的重金属污染，如铅、镉、锰、铜都超标。

铅中毒会导致秃鹫出现虚弱、拉稀、昏迷、血管痉挛、肝肾损害等症状，还会失去繁殖能力。

在印度等南亚国家，最近 20 年 96% 的长喙兀鹫、99% 的白腰兀鹫竟然死于药物中毒。原来印度人给牛大量使用镇痛消炎药——双氯芬酸，而牛再传递给鹫类。双氯芬酸可以造成鹫的肾衰竭。

死亡威胁

在云南有一个叫“打鹰山”的地方，猎人们设下陷阱，捕捉各种猛禽。最近破获的一个案件，缴获的鹫类就有 20 多只，其中 7 只还活着，其余都被肢解。鹫类体大肉多，成为一些餐馆、药房收购的对象，价格不菲。

高压电击造成的死亡或伤残和撞击、毒杀一样严重。西部电网的问题尤其多一些，许多地方是裸线，没有绝缘措施。还有的地方为了节省材料，导线间距不够，设计不科学，没有安装驱鸟装置，很容易造成粪便短路。

另外，鹫类的翼展宽大（通常 2 ～ 3 米），又喜欢占据制高点休憩或者筑巢，起飞或降落时也会造成联电。线路跳闸、系统断电，对生产和生活影响很大。而且鸟类也会被当场电击致死，甚至化为灰烬。这些问题需有相应的方法加以解决。

撞伤的秃鹫

第八篇 拯救鹫类

鹫的命运如此坎坷，需要人类出手拯救。美国人最先打响拯救秃鹫的战役。在1987年，当加州秃鹫总数量跌至22只时，科学家决定采取积极行动来挽救这一物种，使秃鹫数量慢慢恢复到了200多只。

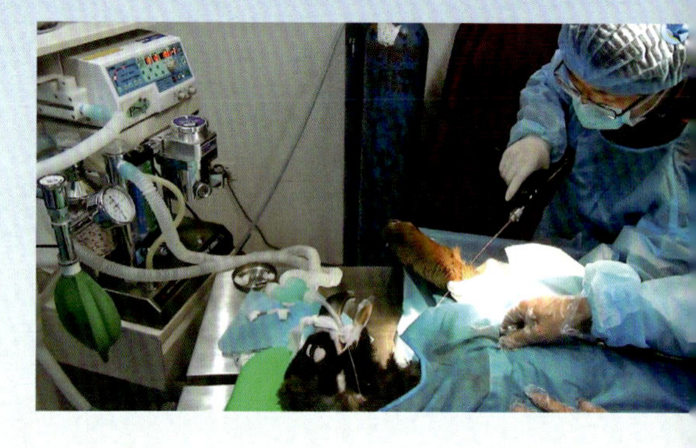

志愿者在行动

2011 年，在亚洲出现了一个保护鹫类的组织——拯救濒临灭绝的亚洲鹫类（SAVE）。它由 11 个不同的机构共同发起，致力于制定国家间的鹫类保护计划，开展了一系列护鹫工作。

保护与标记

禁药

保护工作者除了对双氯芬酸的限制使用，还包括替代药物的研发与试验。定期评估兽用双氯芬酸禁令的有效性，建立快速检测机制，定期调查鹫类的现状，来衡量它们的种群变化趋势。

形形色色的鹫类

食物

救助

投食

没有遭到双氯芬酸威胁的地方，出现的问题是食物匮乏。保护行动有建设秃鹫“餐厅”——动物尸体堆放地和补饲点，保证食物供给。另外，加强投喂点的监测和巢穴的保护，并展开宣传和教育，避免人类其他不当行为带来的危害。

考察

设立安全区

创建秃鹫的安全区，实际上就是避难所；确保鹫类可以得到安全的食物和空间。而要维持一个健康的野外种群，必须杜绝含非甾体抗炎药(NSAID)残留食物的迫害，保护繁育体系，以维持安全的种群数量。甚至可以开展人工繁殖试验，通过放归，使种群数量得到恢复。

体检

系统保护

鹫类是地球上的“清洁工”或“卫生员”，是维持生态平衡的关键物种。它们可以限制细菌和疾病传播，如鼠疫、炭疽和狂犬病等。在自然界，物种间相互关系十分复杂，金字塔最底部是初级生产者（植物、土壤微生物、昆虫等），之后才是草食动物、杂食动物、肉食动物、腐食动物等。当然，一些复杂的环节并没有充分表达出来，如水、土壤、空气、阳光、温度、微生物、地球磁场与宇宙引力波等。

污染物及有害药物通常是这样一个传递过程：草食动物→杂食动物→肉食动物→腐食动物。显然，腐食者位于金字塔的顶端，是最终受害者。

2015 年，我国科学家提出拯救“三鹫”的倡议，建议在中国重点保护秃鹫、高山兀鹫、胡兀鹫 3 种不同类型的鹫类，以保障整个食物链的安全。

腐食动物
（鹫类）

肉食动物
（雕、鸮、狼、雪豹等）

杂食动物
（岩蜥、乌鸦、棕熊、野猪等）

草食动物
（北山羊、鼠类、兔、旱獭、昆虫等）

后记

为了保护全球濒危的鹫类，在 2009 年，一些国际组织共同发起了“国际秃鹫关注日”（International Vulture Awareness Day），日期定在每年 9 月的第一个星期六。

由于监测手段缺失或落后，研究资料匮缺，保护措施不到位，鹫类面临的困境，在中国得不到解决。

如何恢复鹫类昔日的辉煌？这取决于目前和未来我们对待秃鹫的态度，我们要走的道路还很漫长。

愿这本小册子能够起到抛砖引玉的作用，愿鹫类能够永远在蓝天翱翔。感谢所有参与国家自然科学基金资助项目（31572292；31272291）的专家、研究生和志愿者。感谢国际鹫类保护与研究机构的支持，向所有的照片提供者致敬！

摄影

赵兰生　陈胜家　陈　丽　郭玉民　杜靖华　马　鸣　阎旭光　张子慧　向文军　刘晓建　李　都　Richard P. Reading
郭　宏　张　明　刘　钢　Dave Kenny　刘　旭　吴道宁　徐国华　王尧天　李漢洙(韩)　徐　峰　闵　勇
马　尧　丁　鹏　陈学义　周海翔　孙大欢　张建林　魏希明　闫　云　冯　刚　王述潮　李军伟　邢　睿　鹿　纹
杨　军　阿尔斯郎　陈文杰　黄亚惠　杨小敏　蒋可威　李　岩　李维东　黄立凯　张　同　赵序茅　梅　宇　邢新国
张耀东　王晓军　许传辉　李晓娜　才吾加甫　才　开　山加甫　张浩辉　艾孜江　罗　彪　肖彦凭

图书在版编目(CIP)数据

秃鹫的故事 / 马鸣著 ; 赵兰生等摄影. -- 北京 :
中国林业出版社, 2019.9
(绿野寻踪)
ISBN 978-7-5219-0261-7

Ⅰ. ①秃… Ⅱ. ①马… ②赵… Ⅲ. ①鹰科－基本知识 Ⅳ. ①Q959.7

中国版本图书馆CIP数据核字(2019)第194135号

中国林业出版社·自然保护分社（国家公园分社）
策划编辑　刘家玲
责任编辑　刘家玲　葛宝庆

出　版　中国林业出版社（100009 北京西城区德内大街刘海胡同 7 号）
网　址　http://www.forestry.gov.cn/lycb.html
电　话　(010) 83143519　83143612
发　行　新华书店北京发行所
印　刷　固安县京平诚乾印刷有限公司
版　次　2019 年 10 月第 1 版
印　次　2019 年 10 月第 1 次
开　本　880mm × 1230mm　1/24
字　数　100 千字
印　张　3
定　价　28.00 元